U0142896

大數據
語意分析 整合篇

謝邦昌
謝邦彥 編著

五南圖書出版公司 印行

序

　　「老公，我覺得好冷」、「用AA品牌化妝品，可以讓你美美地勝過姊妹淘」。你看懂這些文字背後的意義嗎？

　　大數據時代，社群媒體的興起，已經成為民眾生活中不可或缺的一個平台。舉凡個人的生活點滴，對於事物及政策的評價，為自我意識發聲等，政府機構、企業、甚至到新聞媒體的營銷，都希望藉由社群媒體這個平台「發聲」。每個人都是自己的新聞台，都是自己的「主人」，社群平台每天產生大量的文字訊息，每天光是流向社群網站Facebook與Twitter的資料量，就多達25億則發文、27億按讚數。大數據海嘯席捲而來，這些文章文字散布在各個地方，每天光速成長，數據既多，也雜亂，如何從「亂而無章」的文字信息中萃取出有價值的寶藏，是在這大量訊息的時代的重要課題。

　　隨著資料儲存技術的演進，Open Source工具的發達（如R語言），筆者分享利用文字探勘的技術，來實現語意分析。如晉·陳壽《三國志·魏志·高貴鄉公傳》：「高貴鄉公卒」裴松之注引《漢晉春秋》：「司馬昭之心，路人所知也。」透過文字探勘的技術，找出文章語句中的司馬昭之心，是本書想要帶給讀者的價值。

　　本書由淺入深，以見樹又見林的方式撰寫：第一章先闡述語意分析及輿情分析的概念，讓讀者對於「語意」有初步的認識。第二章則是如何利用工具達成語意分析，講述的是工具軟體可實現性的介紹。最後一章，筆者利用了文字探勘的技術，包含文字特徵、相關、聚類、脈絡主題及情感分析的技術，以深入淺出的手法，搭配實際的案例（如：輿情掌控及危機處理、行銷與創新、商品及通路選擇、收視率預測等），讓這些技術有別於理論，而是可以落地應用，對於個人、政府及企業產生實際價值。

　　「老公，我覺得好冷」──透過語意分析，得知想要表達的是「需要溫暖」。「用AA品牌化妝品，可以讓你美美地勝過姊妹淘」──代表的是驕傲

出眾。試想，將大量文字透過文字探勘技術的萃取，進而了解消費者的觀點
（Insight）、文字背後的涵義、民眾對政策走向的觀感、事件發生的脈絡及
關連性，還可以看到別人看不到的「隱意」，以及預先知道危機的產生。這
種利用文字探勘產生深知及預知的能力，若是結合社會學及心理學的分析與
觀察，對於消費者行為及事件的洞察，會產生意想不到的加乘效果。

　　你準備好了跟我一起進行這尋寶的旅程了嗎？讓我們一起遨遊，讓您
「猜」透文字的奧秘，享受字字珠璣，點字成金的旅程。

臺北醫學大學　管理學院　院長
臺北醫學大學　大數據研究中心　主任　謝邦昌

IEG創新學院（深圳）　謝邦彥

目　錄

序　i

第一部分　語意分析、輿情分析介紹　　　　　　　1

第 1 章　緒論　3

1.1　什麼是大數據（Big Data）...　3

1.2　資料採礦（Data Mining）...　4

1.3　文字探勘（Text Mining）...　5

1.4　網路輿論（Online Public Opinion）.............................　6

第 2 章　語意分析　7

2.1　定義...　7

2.2　方法...　8

2.3　挑戰...　8

第 3 章　輿情分析　9

3.1　定義...　9

3.2　方法...　9

3.3　特性...　10

第二部分　相關的使用軟體　　　　　　　　　　11

第 1 章　語意分析R軟體　13

1.1　R軟體...　13

第 2 章　　Fanpage Karma　17

2.1　Fanpage Karma介紹...................................17

第 3 章　　語意視覺化　23

3.1　Tagxedo 23

3.2　D3 25

3.3　ECharts 27

第三部分　　語意分析相關案例　　　　　　　　　　　29

第 1 章　　網路輿論　31

1.1　一言喪邦

　　　── 淺談大數據在網路社群危機處理的應用 31

1.2　大數據時代不可忽略的網路媒體

　　　── 由2014九合一選舉談起 34

1.3　馬朱家家酒與民眾何干 41

1.4　誰更能與婉君互動，誰有票 43

1.5　笨蛋，問題不在「婉君」

　　　── 從武狀元蘇乞兒精句看政治人物的「不懂」......44

第 2 章　　行銷創新　47

2.1　大數據如何驅動產品創新 47

2.2　量販店比較之輿情分析及語意分析 50

第 3 章　收視率調查　65

3.1　別再吵收視率

　　──社群大數據成爲預測收視率新工具 65

3.2　誰扼殺了好節目

　　──從大小數據看傳統收視率調查的迷思 68

第 4 章　文章產生器　73

4.1　機器人寫新聞

　　──騰訊Dreamwriter解放記者 73

4.2　情書／論文／自傳產生器 74

第 5 章　文件檢索　77

5.1　論射鵰三部曲 77

5.2　杜鵑的呼喚 80

參考文獻　83

第一部分

語意分析、輿情分析介紹

第 1 章　緒論

🔍 1.1　什麼是大數據（Big Data）

Big data（又稱海量資料、大資料、大數據）許多學者有不同的定義，亞馬遜大數據科學家John Rauser將其定義為「任何超過一台電腦處理能力的龐大資料量」；Informatica中國區首席產品顧問但彬認為「大數據＝海量資料＋複雜類型的資料」，其規模和複雜程度超過了常用技術，與按照合理的成本和時限捕捉、管理以及處理這些資料集的能力；維基百科將其描述為「任何由於規模龐大且高度複雜而難以透過現有資料庫管理工具或者傳統資料處理應用進行處理的資料集」。

Big data常見的特點有4V，分別為大量性（volume）、多樣性（variety）、高速性（velocity）、價值性（value）：

- **大量性（volume）**：是指數據量的龐大性以及規模的完整性，主要體現在存儲和計算兩方面，其單位從TB上升到PB級別，在互聯網時代，社交網路、電子商務等把人類帶入了「PB」新時代。這與資料存儲和網路技術的發展密切相關。據統計，互聯網一天發出2,940億封郵件以及200萬個帖子，產生的全部內容足以製作1.68億張DVD。

- **多樣性（variety）**：它不僅僅具有量的劇增性，同時也有資料複雜性的提升，主要是指大數據包含的資料類型繁多。電商和物聯網的發展，使得它不再侷限於傳統的結構化資料，還包括半結構以及非結構化資料，如文本、音訊、圖片、搜索記錄等，後者所占比例高達85%。

- **高速性（velocity）**：主要體現在大數據的增長速度快，以及傳輸和

處理速度快。大數據透過雲計算，可以在短短幾十分鐘內，將傳統模式下十幾天才能完成的資料存儲完畢。

• 價值性（**value**）：這主要體現了大數據的應用價值。但是它的價值性具有稀疏性、不確定性和多樣性。資料量大並不意味著它們都是有效的，這其中大部分數據都是噪音，價值密度很低。資料量增長的同時，隱藏的有價值資訊並沒有相應比例增長，從而獲取有用資訊的難度加大。

🔍 1.2　資料採礦（Data Mining）

資料採礦是近年來資料庫應用領域中相當熱門的話題。資料採礦指在資料庫中，利用各種分析方法對累積的大量歷史資料進行分析、歸納與整合等工作，以提取出有用的資訊，找出有意義且使用者有興趣的模式（interesting pattern），供企業管理層進行決策。

資料採礦指找尋隱藏在資料中的資訊，如趨勢（trend）、模式（pattern）及相關性（relationship）的過程，也就是從資料中發掘資訊或知識（也稱knowledge discovery in databases, KDD），也有人稱為資料考古學（data archaeology）、資料模式分析（data pattern analysis）或功能相依分析（functional dependency analysis），目前已被許多研究人員視為結合資料庫系統與機器學習技術的重要領域，許多產業界人士也認為此領域是一項增加各企業潛能的重要指標。

事實上，資料採礦並不只是一種技術或一套軟體，而是一種結合多項專業知識的應用。但我們對資料採礦應有一個正確的認識：資料採礦工具是從資料中發掘出各種可能的假設（hypothesis），但並不幫你證實這些假設，也不幫你判斷這些假設對你的價值。

此領域蓬勃發展的原因：現代的企業體經常搜集了「大量資料」或「高維資料」，包括市場、客戶、供應商、競爭對手以及未來趨勢等重要資訊，

但是「資訊超載與無結構化」，使得企業決策單位無法有效利用現存的資訊，甚至使決策行為產生混亂與誤用。如果能透過資料採礦技術，從大量的資料庫中，挖掘出不同的資訊與知識出來，作為決策支援，必能增強企業的競爭優勢。

1.3　文字探勘（Text Mining）

在網路普及化的時代，使用電腦來儲存、處理與溝通文字的趨勢日益普及，現今人手一支智慧型手機，隨時瀏覽社群網站、收發email，發文以及回文的資料量日益增加，全世界有超過 2.25億人口收發email訊息，據估計，目前Web包含了將近21億頁的內容，這個數字大約每12個月就會加倍。

Web頁面、新聞張貼，以及電子郵件訊息等文件，都包含了非結構性、自由型態的文字，或是許多符合特定電腦語言的語法及文法規則，構成文字和語句的字串流。兩相對比之下，傳統資料庫卻屬於結構嚴謹的表格集，包含呈現實體、實體間關係的實例，以及代表不同紀錄屬性的欄位。

文字探勘與資料採礦的不同在於，資料採礦所處理的資料屬性是結構化的資料，然而文字探勘則是處理半結構或非結構化的資料，例如電子郵件、網頁或是社群網站發文等，文字探勘經常使用自然語言處理、統計分析、機率模式、機器學習等技術，探討概念擷取（concept extraction）、文字摘要（text summarization）、資訊過濾（information filtering）、命名實體的標註或辨識（named entity tagging or identification）、意見分析（opinion analysis）、關係探索（relation discovery）、語意分析（sentiment analysis）、文字分類（text classification）、文字分群（text clustering）等議題。

1.4　網路輿論（Online Public Opinion）

　　歷經太陽花學運以及2014年九合一選舉，「婉君」之詞因應而生，婉君是PTT（台大批踢踢實業坊）的一個流行用語，其意指「網軍」，婉君是對某些議題有共同想法的一群人，當這群人越來越龐大將可能成為主流民意。

　　由於社群網站如Facebook、PTT、Twitter……等等也日漸流行，在不影響他人的情況下，使用者有許多地方能發表言論，來與不同的人討論，交換不同的訊息，而智慧型手機、平板等等的行動裝置日漸普及，行動網路科技也越來越發達，無時無刻就能分享自己的言論，也能及時的獲得其他網友想法，但網友並不一定認同自己的想法，越多人參與討論，漸漸地會演變成兩派，一派同意而另外一派不同意。

第 2 章　語意分析

　　隨著網路科技發達，人們漸漸地習慣在網路上傳遞訊息，而這些訊息對某些人有很大的用處，例如：消費者會在Facebook發表自己對產品的意見，對廠商來說，這是非常重要的。

🔍 2.1　定義

　　語意分析（sentiment analysis）又稱意見挖掘（opinion mining）是對帶有情感的主觀性文本進行分析、處理、歸納和推理的過程，例如：我們能從電影評論中來識別觀賞者對於電影的評價是否喜歡，我們也能從許多買家買了新商品後所發布的開箱文來得知買家對於商品的評價。

　　語意差異量表（semantic differential technique）為C.E. Osgood（1969）所創，將字詞分為相對應的兩個形容詞，例如：好與壞、強壯與軟弱、被動與主動等，放在一個量尺的兩端，將此範圍分為七個等級，再依據該字詞的正面與負面的強弱，往右代表該字詞越正面；往左代表該字詞越負面。語意分析可應用在社會心理學、發展心理學及文化的比較研究上，最典型的例子，是把語意分析運用在社群網站的輿論上，將社群網站上的貼文內容逐一去分析，綜合並畫出語意分析的直方圖，能快速的了解該粉絲團的評論內容。

　　語意分析主要目的是用來分辨使用者或是當事人對於人、事、物的看法或態度，對於人來說，例如：里長選舉的時候，每個人對於里長候選人的評論都不盡相同，里長候選人能藉此得知是否有機會當選，也能傾聽里民的意見，朝著里民所嚮往的里發展。對於物品，廠商能提早了解顧客對於產品的的想法與意見，進而調整行銷策略。

🔍 2.2　方法

目前語意分析大約有四種方法，基於文件爲基礎的情緒分類（document-based sentiment classification）、以句子爲主軸作情緒分析（subjectivity and sentiment classification）、以外觀（屬性）爲基礎的情緒分析（aspect-based sentiment analysis）建立情緒字彙的情緒分析（lexicon-based sentiment analysis），而這幾種方法最主要都是從大量的文字訊息當中，判別出正面與負面等情緒，所產生的結果能讓使用者及決策者獲取他想要知道的答案。

🔍 2.3　挑戰

在語意分析方面還有許多問題，像是中文裡的反諷句子，例如：「這件印有老鷹圖案的衣服真是棒，丟到洗衣機裡，老鷹立刻展翅高飛。」很明顯一看就知道衣服丟到洗衣機裡馬上就褪色了，對衣服的評價極差，但是從經過斷詞後的句子裡幾個字彙「棒」、「展翅高飛」來看，很容易就判別這件衣服評價不錯，所以，單就斷詞後的文字分析還有不足的地方，因次，須結合其他領域的專家，例如：中文的修辭請教中文系的專家。

第 3 章　輿情分析

🔍 3.1　定義

在社會學理論上，輿情本身是民意理論中的概念，是民意的綜合反映。

輿情分析是根據特定的問題，並針對該問題的輿論進行更深入的思維探討與分析研究，進而得到結論的過程。

網路輿情是透過網路經由各種事件的刺激，並產生對於該事件所有認知、態度、情感和行為傾向。

網路輿情是透過網路，以事件為核心，談論該事件包含許多網友的情感、態度、意見、觀點及互動。

🔍 3.2　方法

輿情分析主要分成兩大方法：

1. 內容分析法

對訊息的內容進行客觀的定量分析，最終目的為弄清楚訊息中的涵義與趨勢，提示訊息含有潛在的資訊，能對後續發展做預測。

2. 實證分析法

透過分析大量的案例和相關數據後，探討所產出的結果，最後找出結論。

3.3　特性

1. 自由性

每個人都有機會成為網路訊息的發布者，藉由社群網站、論壇、回覆意見等方式來發表自己的想法。由於網路匿名的特點，許多網友都會表達自己內心的真實觀點，反映出真正內在的情緒。

2. 交互性

在網路上，大家普遍都有參與意識，例如：在Facebook按讚或是回文，而針對某些問題或是新聞，許多有興趣的人會參與討論，發表自己意見形成互動的場面，之後演變成贊成方以及反對方。

3. 多元性

談論的主題常常是自發、隨意的，也涉及到各個方面，包含政治、經濟、文化……等等。

4. 偏差性

由於每個人管理情緒的能力不同，可能會在缺乏理性的情況下發表情緒化的意見，進而導致有害的言論。

5. 突發性

輿論的形成非常快速，一則新聞加上一些情緒化意見，很容易引起許多人參與討論。

第二部分

相關的使用軟體

第1章　語意分析R軟體

1.1　R軟體

1.1.1　R軟體簡介

R是一種基於統計計算的語言，是基於AT&T貝爾實驗室在1970年代所發展的S程式語言建構而成的免費科學與統計軟體。

R軟體包含資料處理、統計分析、模擬、科學運算與圖形功能等的完整功能，在1995年後開始發展建立，受到了學界領域的好評，吸引了一些專家投入開發與維護的行列，目前R軟體為開放原始碼的open-source，任何人都可以取得R軟體的原始程式碼並加以修改或擴充。

1.2.2　R的特色

• **Vector與Array運算導向**：R軟體變數的基本核心是向量（vector）與陣列（array）。因此，在其他程式語言需要使用數個迴圈才能完成的向量或矩陣運算，在R軟體中通常只需要少數幾行程式碼就可以解決。

• **以函數（function）為主的計算模組**：R軟體主要的計算模組是函數，包含R軟體核心所提供的基本函數以及使用者自己寫的自訂函數。

• **強大的繪圖功能**：R軟體擁有強大繪圖功能，不僅包含一般的2D與3D繪圖，若我們要完成有規則性的多張圖形，也可以使用少數幾行R程式迅速完成我們所要結果。

• **活躍的套件（package）發展與更新**：很多熱心的R軟體支持者會經常更新或增加新的套件來擴充R軟體的功能，這些新套件擴充與更新速度，是

諸多商業統計軟體所遠遠不及的。

• **支援其他程式語言**：R軟體不是封閉的環境。R程式可以呼叫C程式、Fortran程式、Python程式，甚至是Java程式所寫成的外部程式庫（library）來輔助計算，隨時補助R本身不足的功能。

• **特殊的變數型態**：R軟體是專為統計與科學運算而發展的軟體。因此，R軟體中有不少其他程式語言所缺乏的內建變數型態。

1.2.3　R的基本安裝

由於它是免付費的公開軟體，原始碼也可自由下載使用，再加上十分容易在官方網站（http://www.r-project.org/）找到別人寫好的套件（package）或分析程式碼，因此近年來使用的人越來越多，並且不乏許多專業人士，例如：風險分析師、研究學者、統計學家等。R能快速的擴張，歸功於它的物件導向功能，具有執行使用者自訂功能及套件的能力。另外它在程式語彙上的彈性、容易編輯也成為擴展的優點。

在「編輯」中的「GUI偏好設定」改變視窗顯示的設定，如字型、字的大小、顏色等；使用「清除主控台」或是Ctrl+L可以清除視窗，但在中文Windows系統下，如果想要改變選單語言是較為困難的，核心團隊說明這是因為語系為作業系統所控制，無論安裝時選取哪種語系，都會呈現中文選單。

在基本安裝後，R平台中已經具有約25個基本套件（base package），包含常用的敘述統計運算，例如：平均數（mean）、標準差（standard deviation）、直方圖（histogram）、迴歸分析（regression）等等。這裡所指的套件（package）就是系統中建置好的指令組合，為某些資料分析目的所設計的一連串指令，可能是由核心團隊所釋出，也有許多是R的喜好者所貢獻。在R的官方網站CRAN mirror的「Package」中，有數百種套件可提供下載安裝。

1.2.4　套件安裝

可以利用「程式套件」中的「安裝程式套件」選擇最靠近你所在地的 CRAN mirror（Taiwan Taichung或Taiwan Taipei）後，即會出現依照英文字母次序排列的套件選單，可以選取多個套件同時進行安裝。

另一個方式是由CRAN mirror網頁中，contrib下載.zip的安裝檔儲存後，利用「用本機的zip檔案來安裝程式套件」進行安裝。而要於主控台執行套件的指令前，必須先將套件載入，可以利用「程式套件」中的「載入程式套件」選取套件名稱進行載入，或是直接在主控台指令列上利用library（）輸入套件名稱來載入。

1.2.5　安裝情感分析套件

Sentiment套件是一個進行情感分析的套件，採用單純貝氏分類器（naive Bayes classifier），對情緒、負面、正面、中立進行分析，由於sentiment套件已經無法在CRAN上下載，因此我們得透過devtools來下載安裝，安裝語法如下：

```
>library (devtools)
>install_url ("http://cran.r-project.org/src/contrib/Archive/sentiment/
  sentiment_0.2.tar.gz")
>library (sentiment)
```

而另外一款套件為qdap也有提供情感分析的功能，安裝語法為：

```
>install.packages ("qdap")
>library (qdap)
```

第 2 章　Fanpage Karma

　3.1　　Fanpage Karma介紹

2.1.1　簡介

　　Fanpage Karma是一套在2012年創立於德國柏林的線上工具，提供了Facebook、Youtube、Twitter等社群媒體分析與監測的功能，可以提供粉絲們（Fans）的相關的指標來協助社群媒體的經營者做出決策。創辦人Nicolas Graf von Kanitz和Stephan Eyl認為社群媒體的經營者在錯誤的時間發布或是貼文措辭欠佳時會導致粉絲們在社群媒體上的反應會不如預期，因此可以透過粉絲在社群媒體上的表現來發掘經營者的決策是否有近一步改善的空間。

　　Fanpage Karma的技術包含了對社群媒體的粉絲團進行爬文（Crawler）進行群網絡分析，並提供視覺化的介面操作來協助客戶輕易地與同類型的競爭對手粉絲團來做績效的比較。德國電信、安聯金控、IKEA、西門子、Yahoo!、Pilot、飛利浦、Disney（迪士尼）、克萊斯勒汽車等知名企業為其主要客戶，並提供5種方案的授權費用供客戶選擇。除了付費版本以外，一般用戶也可以選擇免費版或14天試用的功能。

2.1.2　功能介紹

　　本節以Facebook的粉絲團分析為例，來介紹Fanpage Karma所提供的功能。在操作的介面上，提供了競頻臉書粉絲頁各項指標的交叉分析結果（圖2-1）和指標項目的相關綜合報表、內容分析、貼文時間與頻率、歷史紀錄、KPI指標、市占率比較、貼文內容分析的功能（圖2-2）。並且可以選擇深入

分析某日期區間單一Facebook粉絲頁的KPI、內容、意見領袖與其網路使用行為網絡分析圖、粉絲貼文、歷史紀錄等功能（圖2-3），KPI的內容詳見表2-1。

圖2-1　競頻臉書粉絲頁各項指標的交叉分析結果

圖2-2　競頻臉書粉絲頁各項指標項目相關報表功能

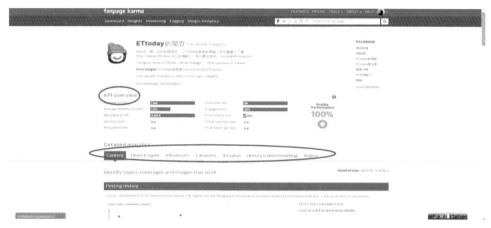

圖2-3　KPI指標內容

表2-1　Fanpage Karma提供Facebook粉絲團KPI內容

Number of fans（粉絲團人數）	此粉絲團的關注人數。
Average Weekly Growth（平均每週成長）	每週的粉絲人數成長率。
Engagement（粉絲互動率）	針對一段區間，每篇po文粉絲的回應數值（預設是一個月）
Post Interaction（貼文互動率）	針對所有貼文，粉絲回應互動的比例數值。
Posts per day（po文數量）	選定時間內的po文總數。
Page Performance（粉絲頁評價）	綜合以上參數與粉絲成長率所給的評分，最高100%。

2.1.3　運用Fanpage Karma進行粉絲頁比較之範例

　　由前一節的介紹可以得知，Fanpage Karma的操作介面簡單使用且圖像化呈現，提供各項指標交叉分析資料，將資訊做了清楚的表達，有助於使用者快速分析競頻間的優劣點。此網站有一個最特別的地方在於提供了活躍粉絲的活動路徑圖，可以讓使用者對活躍網友的瀏覽行為做更進一步的分析。

　　以2016年1月1日～2016年1月14日Ettoday與相關競頻的Facebook粉絲頁比較為例，相關Facebook粉絲團除了Ettoday新聞雲以外，還選擇了東森新聞、

蘋果日報的粉絲頁進行比較分析。透過Fanpage Karma爬取Facebook的資料進行分析，可以得到個粉絲頁的「貼文數」、「按讚數」、「分享數」、「回應數」、「平均每日貼文數」、「貼文互動率」、「粉絲總數」、「粉絲周成長率」、「粉絲頁互動度」等指標（詳見表2-2、表2-3）以及各粉絲頁活躍粉絲的活動路徑圖（詳見圖2-4～表2-6），使用者可以針對有興趣做比較的粉絲頁來進行搜尋比較，進而得到理想的分析結果。

表2-2　ETtoday主要Facebook粉絲頁與主要競頻比較表（一）

粉絲頁	貼文數	按讚數	分享數	回應數	平均每日貼文數	貼文互動率
ETtoday新聞雲	967	3,098,765	82,308	60,781	96.7	0.22%
東森新聞	615	1,906,984	516,228	96,068	61.5	0.26%
蘋果日報	1,222	3,879,629	93,954	103,597	122.2	0.13%

說明：貼文互動率 = [∑（按讚數 + 回應數 + 分享數）／貼文數] ／粉絲數
　　　該項指標說明粉絲對於貼文的互動度

表2-3　ETtoday主要Facebook粉絲頁與主要競頻比較表（二）

粉絲頁	粉絲總數	粉絲周成長率（%）	粉絲頁互動率
ETtoday新聞雲	1,555,037	0.81%	20.97%
東森新聞	1,576,269	1.77%	16.21%
蘋果日報	2,646,692	0.66%	15.48%

說明：粉絲頁互動率 = [∑（按讚數 + 回應數 + 分享數）/days] ／粉絲數
　　　該項指標顯示粉絲與粉絲頁的互動度和粘著性

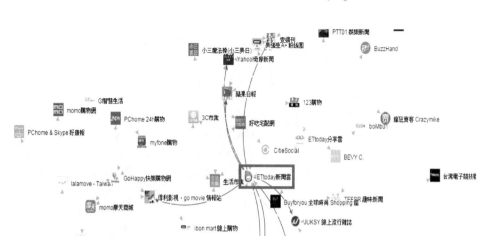

圖2-4　Ettoday新聞雲―活躍粉絲的活動路徑圖

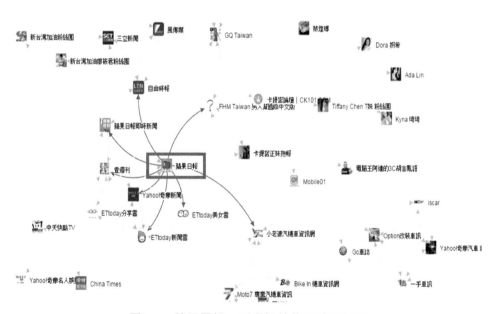

圖2-5　蘋果日報―活躍粉絲的活動路徑圖

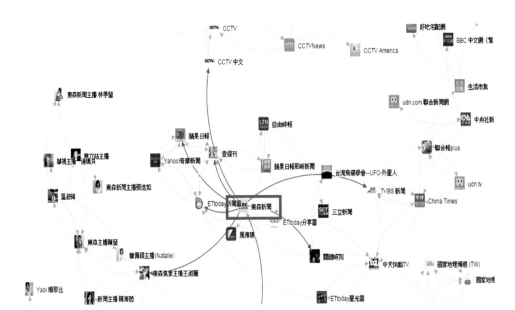

圖2-6　東森新聞─活躍粉絲的活動路徑圖

第3章　語意視覺化

3.1　Tagxedo

　　Tagxedo是一種線上詞雲的產生器，可以藉由匯入整篇文章內容、網頁、推特帳號、Del.icio.us ID、新聞、搜尋以及RSS，讓其抓出相關文字，並組成不同的詞雲，可以根據自己的喜好與興趣變更詞雲形狀、字型、文字顏色……等等，此網站也能支援中文顯示。

1. 進入Tagxedo網站

　　進入Tagxedo網站之後，可以依據資料的型式匯入檔案，分別可以輸入網址、推特ID、Del.icio.us ID、新聞、搜尋以及RSS，下方「Shape」部分可以

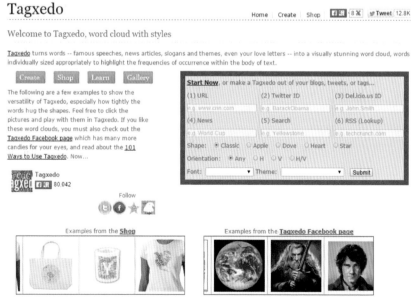

圖3-1　Tagxedo首頁

選擇形狀，「Font」可以選擇字型，「Theme」可以選擇色彩配置，選項都選擇完畢後，按下「Submit」即可提交，製作詞雲。

2. 產生

當提交之後，電腦如未安裝Silverlight，網頁會導向安裝Silverlight，完成安裝後會產生出製作面板，圖3-2輸入某新聞網某篇新聞的網址，產生結果如下：

圖3-2　Tagxedo範例結果

3. 設計

接著能根據自己的喜好，設計自己喜歡的詞雲，圖3-3紅色框框為設定的部分，例如：能將形狀做變換，圖3-3右側為轉成蘋果後的詞雲，完成之後點

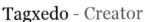

選「Save」，能把圖片儲存下來或是列印出來。

圖3-3　Tagxedo範例調整結果

🔍 3.2　D3

　　D3的全名是Data-Driven Documents，為一個資料視覺化網站，使用網頁標準技術，是一套JavaScript 函式庫，圖3-4為D3網頁首頁，網站裡面包含許多視覺化的程式碼，能根據你想要呈現的內容去做選擇，而在文字探勘裡面，我們能對文字做集群，因此我們跟D3結合後，可以產生如圖3-5的集群圖案。

圖3-4　D3首頁

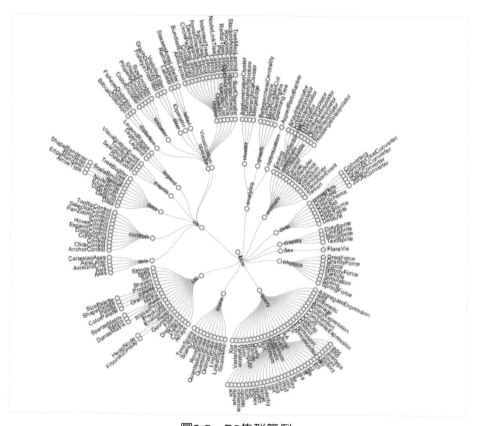

圖3-5　D3集群範例

3.3　ECharts

　　ECharts 為Enterprise Charts的縮寫，中文為商業級圖表，為一個純JavaScript的圖表庫，可以流暢的運行在PC和移動設備上，提供直觀，生動，可交互，可高度個性化訂製的資料視覺化圖表。

　　支援折線圖（區域圖）、柱狀圖（條狀圖）、散點圖（氣泡圖）、K線圖、圓形圖（環形圖）、雷達圖（填充雷達圖）、和絃圖、力導向布局圖、地圖、儀錶盤、漏斗圖、事件河流圖等12類圖表，同時提供標題、詳情氣泡、圖例、值域、資料區域、時間軸、工具箱等7個可交互元件，支援多圖表、元件的聯動和混搭展現。

让数据说话

圖3-6　ECharts首頁

第三部分

語意分析相關案例

第 1 章　網路輿論

🔍 1.1　一言喪邦
—— 淺談大數據在網路社群危機處理的應用

1. 管不住的嘴，傷了警員的心

　　震驚全臺的臺北西門血案，警方不發一彈，沒有人員傷亡，案發12天順利將兇嫌陳福祥緝捕歸案，對於警方高效率的破案，2015.1.24，臺北市的大家長柯文哲，不僅沒有適時鼓勵、送暖，還口出酸言：「在確知大概誰是嫌犯的情況下，為什麼要花那麼長時間抓到人？」（見圖1-1），質疑警方效率，傷了警員的心。對於柯P的言論，FB網友的反應是如何？而柯P的幕僚們，對於他老闆的「心直口快」如何進行危機處理？根據分析某新聞FB粉絲團發現：

圖1-1　引用中央社新聞

網友A先生對於柯P的發言，提出了不平之鳴，回應了如下內容，獲得多數網友按讚的支持，內容是柯P亂放馬後砲，打擊警察士氣……等。

　　人犯至少有抓到了……怎某個市長又在放馬後砲啊？

　　當初在你地盤發生槍擊案，

　　你不聞不問的在打財團！現在抓到了，就在說都過幾天了才抓到人犯，還敢屁說不滿意……警察辛苦了！

　　利用大數據文字探勘的分析發現：網民對於市長講出這次破案「花的時間太長」，認為市長的嘴巴，說風涼話、屁話、講話沒邏輯、不尊重警方專業等，可以看出網友的發文都是針對柯P「管不住的嘴」進行批評（見圖1-2）。

圖1-2　網路評論之詞雲分析

　　大家一定很好奇，網友對於柯P發言的評論是偏向正面評價還是負面評

價呢？利用全國意向專屬的情感分析套件（見圖1-3）來分析網友對於柯P發言評論的情感表現，計算情感的極性，其值為－1到1之間，正數表示正向的情感，負數表示負向的情感，0則表示中性的情感，深入分析後，情感係數為－0.0891，偏向負面情感，代表了網友對於柯P發言的「不滿」，網路社群的擴散，一人的不滿，可能有擴大百倍的效果，顯然柯P幕僚應該也認知了事件的嚴重性。

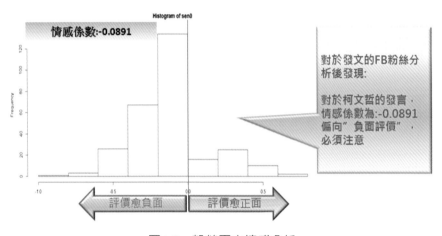

圖1-3　粉絲團之情感分析

　　因此，針對警方破案發言的失言風波後，在頒發破案獎金給臺北市警局的時機，運用「迅速發獎金」、「市警局表現得很好」、「轉移到監聽申請流程話題」的手法，降低了第一時間發言不當的傷害，也可以看出幕僚的反應速度極快，及時幫老闆化解危機，但在2015.1.26接見英國交通部長時，對於英方送的贈品竟然又回應「給收破銅爛鐵的賣錢」，幕僚的努力，馬上付諸流水。

2. 一言興邦，一言喪邦

　　柯文哲在斥責富邦集團蔡明忠「社會觀感不佳」，鴻海集團「太囂張」

的同時，自己是否也犯下了同樣的失誤，給民眾「沒有同理心」、「嚴以律人，寬以待己」的印象，85萬的選票及近七成民眾滿意度的光環能維持多久？古人說：「一言興邦，一言喪邦。」在這網路社群發達的時代，能造英雄，也能毀英雄。大數據分析雖然能掌握資訊，即時做修正，但柯P「管不住的嘴」是個大數據不容易預測的「不定時炸彈」，未來發展會如何？讓我們繼續看下去。

1.2　大數據時代不可忽略的網路媒體
—— 由2014九合一選舉談起

1. 傳統民調不準了？指尖民意興起

2014年的九合一選舉，很多縣市的結果出乎當初封關前的民調預測之外，學者分析原因表示，最後民調公布與投票日有時間差、不表態的藍綠比例估算欠精準、市話抽樣無法涵蓋手機族、在外地工作者等等因素，都讓調查結果出現盲點。

除了上述以傳統「量化」統計理論的民意調查所造成的誤差外，還有一個被調查忽略的媒體：網路勢力崛起的「指尖力量」—社群媒體，這是傳統民意調查無法察覺到的一塊新科技處女地；從FB到PTT，任何一個議題的起源、發酵，甚至kuso影片，都會影響到選民的投票意願，候選人也深知此媒體的重要性，無不透過建立FB粉絲團與選民互動、對話（例如：柯文哲粉絲團、胡志強粉絲團）。傳統的電子及報紙媒體是：你給我什麼，我只能默默接受的「單向」及「掌握在少數人手中」的媒體，而現在，從自己採訪、評論，製作，透過網路發布、評論，互動性、自主性、雙向性的媒體儼然成為社會的一股新興主流，而這些聲音，正是傳統民意調查所察覺不到的。網友及鄉民所造成的「指尖力量」真的很大！而且絕對不只是「指尖力量」，而是化成一股真實的民意。隨著群眾使用智慧型手機的比例快速增加（超過

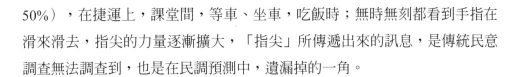

50%），在捷運上，課堂間，等車、坐車，吃飯時；無時無刻都看到手指在滑來滑去，指尖的力量逐漸擴大，「指尖」所傳遞出來的訊息，是傳統民意調查無法調查到，也是在民調預測中，遺漏掉的一角。

2. 抽樣數據與大數據

　　以往進行民意調查，大多是透過電話抽樣，樣本數會做到抽樣誤差在正負3%以內，在網路媒體與指尖行為還沒出現時，這種以統計抽樣為核心的民意調查方式對於選情的預測，有著相當不錯的準確度，例如：1996年總統大選，1998年臺北市長選舉等。隨著網路資訊發達及行動通訊的高度發展，民眾在網路上留下了大量的數據，讓以往的抽樣調查，已經無法涵蓋現代人的生活形態。在過去的十年間，數據爆炸已經成為人所共知的一個話題，根據市場研究公司IDC去年發布的數據，預估2009年到2020年間，數字資訊總量將增長44倍。加上視頻、圖片、音頻等等非結構化豐富的媒體數據的應用越來越頻繁，社交網路的不斷增長和壯大；目前，每天光是流向社群網站Facebook與Twitter的資料量，就多達3億張照片、25億則發文、27億按讚數。大數據海嘯席捲而來，這些數據散布在各個地方，每天光速成長，數據既多，也雜亂，但好處是完整詳細。因此，這些都是「資訊完整的寶庫」；而大數據（big data）時代和一般資料庫分析有什麼不一樣的地方？除了有跟山一樣高的繁多資料外，還有許多對於非結構化資料的蒐集與分析。網路媒體有別於傳統媒體，每個使用者都可以製造、生產訊息，網路上的訊息量比美國國會圖書館還多了n^n倍，這些資料都不是整理好的資料，甚至大多不是數值資料，為了蒐集並且分析這些資料，文字探勘（text mining）成了近幾年的主流，分析出來的結果比抽樣更準確、更有價值。

　　因此，在現今汪洋數據的時代中，除了能利用量化的資料去分析外，質化的資料中更含有大量的資訊，如何利用「多維度的數據」幫客戶創造價值，正是文字探勘的價值。將文字和數字一起分析幫客戶找出致勝密碼，並

利用大數據和抽樣數據，讓產生的資料更有價值，精準地預測民意，如圖 1-4。

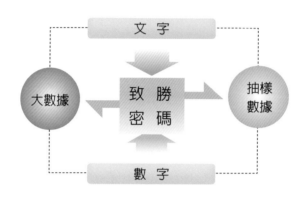

圖1-4　致勝密碼

3. 文字探勘的致勝密碼

　　文字探勘（text mining）是一種跨領域的應用，結合資料探勘技術與自然語言處理、資訊檢索技術，使大量的文字資訊能經由電腦分析歸納，主要的應用有自動分類、自動摘要、文件檢索、知識管理等。用以因應今日因網際網路（Internet）興起，而造成的龐大數據洋流。

　　文字探勘之核心技術，大多來自於資料採礦技術，藉助案例分析與文件資料之相互查詢與交叉比對，產生經驗與文件報告之交互參考對應。

　　近年來由於網路的發展，電子文件呈現等比級數的成長，每天均有龐大文件資料被製造生產出來，這些各式各樣的文件，包括消費、廣告等一般資訊或者是社會、經濟、政治等即時新聞，都蘊藏著大量資訊，一旦文件暴增到數以百計或數以千計時，文件與文件之間毫無關聯，龐大的文件成為一堆資料山，要在短時間內閱讀或是查詢某一主題資訊，將很困難，因而喪失及

時資訊或機會（黃燕萍，1999）。

　　文字知識發掘（knowledge discovery from text, KDT）亦可稱爲文字探勘（text mining）或是文件資訊探勘（document information mining），其應用了資訊檢索、資訊萃取、計算語言學、自然語言處理、資料探礦技術……等，文字探勘特別著重於利用這些技術，自非結構或半結構的文字中發掘出先前未知，隱含而有用的資訊，Dan Sullivan（2001）定義文字探勘爲「一種編輯、組織及分析大量文件的過程，爲了提供特定使用者特定的資訊，以及發現某些特徵及其間的關聯」。相較於傳統的資料探礦，文字探勘需要加上額外的資料選擇處理程序，以及複雜的特徵萃取步驟。

　　文字探勘整合了許多傳統資訊檢索技術，包括了關鍵字萃取、全文檢索、文件自動分類、自動摘要等等，以提供文字處理更強大的功能。

　　隨著電腦設備及網路技術的蓬勃發展和快速普及，許多傳統的資訊作業方式因此而改變，大量原本是以書面方式存在的文件資訊，被轉換成電子檔的形式來儲存及傳遞，而這些文件中極可能隱藏著許多有用的寶貴知識。但是，當資訊的產生和傳遞效率加速提升時，也隱含了資訊爆炸的現象，然而，傳統資訊檢索方式無法有效地幫助使用者分析和了解大量的文件資料，許多試圖從文件中獲取知識的研究便因此而產生。

4. 點字成金，穩操勝券

　　以下爲利用文字探勘（text mining）點字成金之案例，包含：商品賣得好、社群操作得好、危機預警、打贏選戰等，如圖1-5。

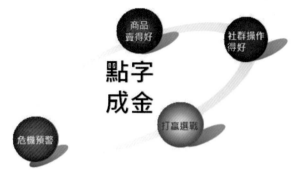

圖1-5　點字成金

(1) 商品賣得好

　　想要商品賣得好，不外乎了解消費者想要的（want）。可以利用社群網站的資料詞雲分析，也可以利用調研，或是資料庫的分析等，如圖1-6利用社群詞雲，分析PTT的討論區，可以看出網民透過「淘寶」網購，購買特殊品牌的包包及洋裝，這些資訊就可以做為通路產品採購策略的參考，推出大家都想要的商品，商品自然賣得好。

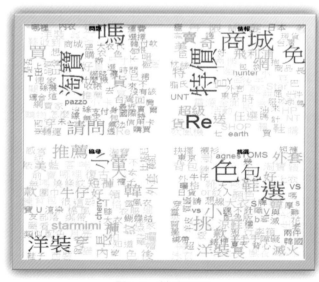

圖1-6　社群詞雲

(2) 社群操作得好

我們也可以從社群網站中挖掘出許多資料，例如：利用粉絲的發文找出主題推論分析。如一個美妝FB粉絲團，我們可以看出它是以「吸引男友」、「創造自己在姊妹淘中的優越感」為訴求主軸，創造粉絲的需求，提升商品銷量，見圖1-7。

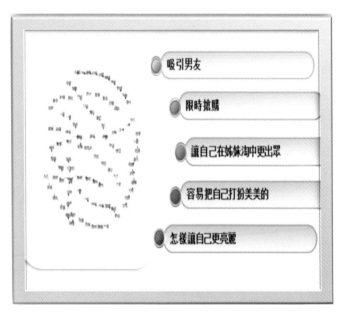

吸引男友

限時搶購

讓自己在姊妹淘中更出眾

容易把自己打扮美美的

怎樣讓自己更亮麗

圖1-7　操作主題分析

(3) 打贏選戰

選舉的資料除了民調的量化資料外，也可以利用文字探勘，做出事件未來發展分析和推論，如圖1-8。分析某市長候選人FB粉絲團，我們可以看到未來正走向統獨議題論戰。以市長選舉來說，比的是候選人特質及施政績效，訴諸「統獨」，對市長選戰相當不利，因此要預防對手在統獨議題的著墨，並預先構思反擊因應之道，提高勝選機會。

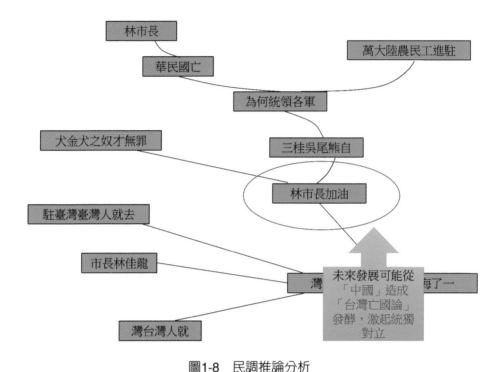

圖1-8　民調推論分析

(4) 危機預警

　　觀察粉絲團的po文動態，即時發現民眾對某便利超商工讀生在氣爆事件發生後的態度。我們可以從特定的字詞中，找出與之相關聯的字詞，並從這些字詞裡找出價值性，如：與「愛理不理」相關聯的字詞，有「十萬火急」、「工讀生」、「不好意思」和「洗手間」，再從po文中還原出在高雄氣爆發生時，工讀生面對災民想要借用洗手間，礙於公司規定，只能一再的說不好意思，民眾感受到的是一種愛理不理的處理方式。面對突發事件，便利超商工讀生的處理態度，影響到品牌形象，品牌人員需要有警覺性，見圖1-9。

圖1-9　與「愛理不理」之相關分析

5. 多維度分析才能準確測知民意

在數據汪洋中，除了應用抽樣資料分析外，主動蒐集民眾「指尖」行為，運用文字探勘（text mining）的大數據資料進行分析，輔以「多維度的數據分析」─電話民調結合網路社群分析，可以有效的增加民調預測的準確度，去幫客戶創造價值。

🔍 1.3　馬朱家家酒與民眾何干

2015年時，國民黨主席朱立倫不願再對立法院長王金平的黨籍官司案提訴訟，引發馬英九總統不滿，曾是馬核心幕僚的前總統府副祕書長羅智強昨上午在臉書說，認同馬的理念與說出心裡話的勇氣，不認同朱不承接訴訟的決定，但理解朱當家的困難。

立法院長王金平黨籍案，國民黨主席朱立倫宣布不再承受訴訟，也就是承認王金平保有「國民黨籍身分」。主導鍘王的馬英九總統發表「『失望、不能認同』，面對大是大非的司法關說爭議，國民黨不能『和稀泥』」的千字聲明。

　　甫上任的朱立倫主席，為了鞏固在黨內的權力，除了必須結合立法體系，並顧及多數黨員「以和為貴」的心聲外，也需要布局2016總統選舉，朱立倫對於立法院長王金平黨籍案不再承受訴訟，顯然是非常聰明一舉數得的作法，但馬英九總統不買帳，以清廉自居的他，飽受「門神」的清廉爭議，敗選後被冠上「無能」的帽子，是否想藉此表明自己仍是「政壇老大」？國民黨是否會因為這次事件，讓九合一敗選未復原的傷口，再被撒上一層萬劫不復的鹽呢？民眾如何看這場扮家家酒的政治大戲呢？

　　根據中時電子報FB粉絲團的粉絲對於此次「王金平黨籍處理馬朱互槓事件」的看法，分析後發現：民眾認為的「是非不分」、「分裂」、「內鬥」、「黑金」、「退黨」等意見，可以分三個面向解讀：

(1) 對朱立倫來說，雖贏得了黨內團結和諧之名，但給民眾的印象是是非不分及黑金，讓國民黨再度被冠上向黑金靠攏惡名。

(2) 對馬英九來說，雖然也是堅持了自己的「大是大非」，但也造成了民眾認為這是國民黨內鬥及分裂的開始，也有民眾要求馬英九不如歸去「退黨」。

(3) 分裂內鬥的國民黨給了民進黨主席蔡英文可趁之機，讓她可以挾著九合一勝選氣勢，面對2016的總統大選，採取隔岸觀火，以靜制動的策略。

　　金庸武俠小說《倚天屠龍記》中崆峒派武功「七傷拳」，其特點為：如果使用者功力不足，反而會造成自身之內傷。朱立倫的行為就是七傷拳，雖拉攏了王金平，促成黨內和諧，但卻傷了黨形象，造成馬英九反彈，讓黨可能產生分裂危機，傷人也傷己。

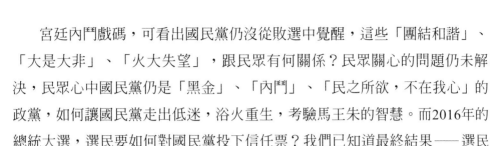

宮廷內鬥戲碼，可看出國民黨仍沒從敗選中覺醒，這些「團結和諧」、「大是大非」、「火大失望」，跟民眾有何關係？民眾關心的問題仍未解決，民眾心中國民黨仍是「黑金」、「內鬥」、「民之所欲，不在我心」的政黨，如何讓國民黨走出低迷，浴火重生，考驗馬王朱的智慧。而2016年的總統大選，選民要如何對國民黨投下信任票？我們已知道最終結果——選民唾棄了國民黨。

🔍 1.4　誰更能與婉君互動，誰有票

九合一大選後，雙英際遇大不同，民進黨主席蔡英文，挾著13縣市勝選，以地方包圍中央的態勢，成為2016年總統大選勝者；反觀馬英九，這次敗選，直轄市只剩下朱立倫保有新北市一席，是從國民黨創黨以來，繼1949年退守台灣之後，另一個最大的挫敗。

選舉結果反映了民心向背，但當中也受到「網路社群媒體操作」的影響，它讓以往的派系操作失靈，取而代之的是網路社群媒體操作下的民意。從FB到PTT，任何一個議題的起源、發酵，甚至Kuso影片，都會影響到選民的投票意願，候選人也深知此媒體的重要性，紛紛透過建立FB粉絲團與選民互動、對話。

傳統的電子及報紙媒體是：你給我什麼，我只能默默接受的「單向」及「掌握在少數人」的媒體；而現在，從自己採訪、評論，製作，透過網路發布、評論。互動性、自主性、雙向性的媒體儼然成為社會的一股新興主流，而這些聲音，正是傳統的選舉操作所影響不到的。網友及鄉民所造成的力量真的很大，而且絕對不只是「網路民意」，而是化成一股真實的選票。

分析雙英在FB的操作，馬英九與蔡英文的粉絲團人數都破百萬，在社群操作上，粉絲數是最基本的門檻，代表有多少人對這個粉絲團有興趣，但這不代表這些粉絲是「鐵粉」，而是能繼續留下參與互動的人，才可能在實體活動，投票行為產生效果。

根據相關分析發現：馬英九與蔡英文的粉絲參與率各爲3.47%與12.7%，馬粉絲的參與率僅蔡粉絲的四分之一，馬的參與率低，可能跟他的執政能力與形象有關，也可能跟粉絲團的內容無法吸引粉絲互動有關。

關於馬英九粉絲團的PO文型式，分析發現：內容多是以圖片爲主，占71.4%，文字狀態占28.6%，與蔡英文粉絲團接近100%都是圖片相比，馬粉團用文字明顯較多，而且也少用相關連結，馬粉團操作明顯不符合社群「看圖說故事」、「善用連結把理念講清楚」的原則，這是馬粉團參與率低於蔡粉團的原因之一。

另外，比較兩個粉絲團的內容：馬粉團PO文主軸爲心情故事、參觀、拜會訪問活動，但這些訊息是否是民眾想聽、想看的呢？而蔡粉團比馬英九多了一些民眾關心的事，除了讓民眾感受到自己的心聲被聽到外，也闡述蔡英文的政治理念，並提出解決方法，這些都與民眾息息相關，這是馬粉團參與率低於蔡粉團的原因之二。

社群網路媒體就如同水一樣，能載舟也能覆舟，雖然有些人認爲社群網路媒體是可以操作的，但是，如果政治人物不以民爲念，聽不到，做不到，言行不一，即使社群網路媒體操作得好，也只是一時的，一旦被婉君看破手腳，反撲力量甚至百倍、千倍，政治人物不可不愼。

🔍 1.5　笨蛋，問題不在「婉君」
—— 從武狀元蘇乞兒精句看政治人物的「不懂」

1.「婉君」在哪裡？

行政院長啓動「換腦計畫」，盼讓各部會首長能植入「網路DNA」；爲吸引婉君，藍營擬邀宅神、鄉民女神合作，參加國民黨政策會執行長賴士葆舉辦的「挑戰政策」系列公聽會，此一系列公聽會的目的是爲了擴大民眾參與及增加政策能見度。

　　國民黨在2014年九合一敗選後，除了內閣小幅更動外，最令外界矚目的，就是「換腦計畫」及「婉君思維」。政府官員所假設的婉君（網軍），可能是一群善用網路、有組織、會藉由網路工具操作議題的一群人，當中可能有所謂「領導人」。政府官員認為了解婉君思維、搞定婉君，定能讓執政或選舉無往不利，這樣的想法是對的嗎？且讓我們從一些調查數據來瞭解一下，誰是「婉君」。

　　根據TWNIC 2014年的調查報告「全國一共有17,637,992人具網路使用經驗，12歲以上民眾的上網率已呈現穩定趨勢，近三年來都達到七成七」，且近半年使用寬頻上網的受訪者中，有64.32%最常使用的網路應用服務是網路社群；據此估算全台灣有一半的人口在使用「網路社群」，這一半人口的影響力，會影響選舉——大到總統選舉，小到立委、縣市長選舉（如2014年九合一選舉），會影響政策：從洪仲丘事件到太陽花學運。這些網路上，街頭上的民眾，他們不是政治人物，也不被政治人物操弄。平時，他們認真的在工作崗位為社會付出奉獻，他們可能是你家路口的小攤、每天載你上下學的公車司機、可能是總經理、醫生、律師、警察、軍人、包括你跟你的家人；這些人，每天辛苦地為自己、為下一代努力打拼，這些人沒有組織，默默隱藏在社會的每一個角落，像一顆小小的齒輪，平常，對於政治人物有許多的寬容與機會，但當社會上出現「不公不義」、「影響民眾生計」的事情時，這些人會自動自發的利用網路社群發聲、組織，從網路到街頭，只為了讓執政者「醒悟」。「婉君」不是特定的族群，「婉君」是所有市井小民、販夫走卒，他們利用網路發聲、組織，形成監督政府的力量。

2. 民之所欲，不在我心

　　電影武狀元蘇乞兒中，蘇乞兒告誡皇帝：「丐幫人數多寡並非由我決定，而是由你決定，如果天下豐衣足食，鬼才願意當乞丐！」

　　「婉君」就是你我身邊的市井小民，無所不在，「婉君」的規模是由

執政者決定的，今日「婉君」的出現，其癥結點就是「民之所欲，不在我心」。爲政者不與人民溝通，又盡做些悖離民意的事，還一副沾沾自喜、自以爲是的模樣，讓民眾「看不下去」；「婉君」就此自發的形成了。「婉君」會不會形成反對政府的力量，不是由「婉君」們決定的，而是由政治人物決定的！如果政治人物盡做些讓民眾「看不下去」的事，近如頂新黑心油案、遠如318學運，讓這些實體世界拿不到發言權的大多數民眾，透過網路社群發出怒吼；以往，這一群「沉默的螺旋」只能透過選票教訓政治人物，現在他們有了發聲的管道－網路社群，自然的集結成一股自發性的力量，「婉君」們現身了。

「水能載舟，也能覆舟」，民意如流水，掌舵者除了要有方向、也要識水性，才能帶領這艘船上的民眾前往桃花源；掌舵者如果連船漏水了都不知道，早晚會沈船的。「換腦計畫」不只是要透過網路媒體將政策硬塞到民眾腦海中，更要善用大數據，從網路上的汪洋數據中，挖掘民意，瞭解民之所欲、民之所苦，做出人民有感的決策。

第 2 章　行銷創新

🔍 2.1　大數據如何驅動產品創新

1. 抽樣數據的涵蓋性

　　產品開發是高風險的事，這可從每年進入市場的大批新產品大都是以慘敗收場爲證。以往都是透過抽樣的市場調查，來得到產品開發的相關訊息，例如：價格、功能、通路、生活型態等VOC（voice of customer），例如：市場趨勢，社會脈動，科技演化等VOB（voice of business）。在網路媒體還沒出現時，這種以統計抽樣爲核心的調查方式對於市場評估及消費者行爲的預測，有著相當不錯的準確度。但隨著網路資訊發達及行動通訊的快速發展趨勢，民眾在網路上留下了大量的數據，讓以往的抽樣調查，已經無法涵蓋現代人的生活形態。所以，許多公司已經走向利用大數據，精確定位客戶需求，推出量身定製的新產品，以期提高成功機率。

　　而大數據應用在產品開發時，最易見效的方面就是透過客戶情緒分析：公司密切關注社群網站的資訊、討論區消息及其他線上資訊，瞭解人們的所思所想。使用者對產品的情緒分析成爲互聯網世界產品概念設計和概念測試的依據，這種資訊可以讓產品設計者在各種問題和想法完全被意識到之前，及早發現它們。大數據是說公司可以挖掘分析大量各種資訊，以改善下一代產品和服務。社會和經濟活動的不斷網路化，資料蒐集、傳輸、存儲和分析成本的下降，共同導致了一個有助於培育新的產業、工業和產品的大數據時代的出現。經合組織（OECD）前不久公布了一份題爲「探索資料驅動創新作爲一種新的增長源泉」的報告。由大數據驅動的社會經濟模式開始顯現，

大數據已成爲創造競爭優勢和驅動創新、可持續發展的核心資產。

2. 新能源及智能車爲未來趨勢

　　我們以汽車業來說，設計初期階段爲proposal階段，這個階段主要就是透過市場訊息去進行產品的設計開發計畫，例如：市場及科技趨勢是什麼？消費者在乎的是什麼？但是，一般來說，透過市場調查得到的訊息，不外乎價格、外觀、性能……等，卻無法從這些資訊看到「全面性」、「情感性」及「前瞻性」，容易造成設計上「創新性」及「需求性」受到侷限，且增加了新產品進入市場慘遭挫敗的風險。爲了降低這種風險，首先我們用Google的搜尋量來分析（見圖2-1），其中以「電動車」的搜尋量最高，而且搜尋量有持續上升的趨勢，其次是「環保車」，「無人車」及「智慧車」的搜尋量較低，由此大數據資料可以看出「電動車」及「環保車」的趨勢。

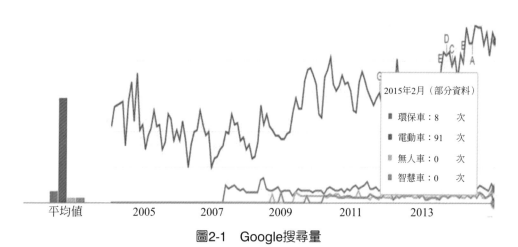

圖2-1　Google搜尋量

　　另外，根據汽車產業的數據資料，未來五年的汽車演進趨勢（見圖2-2）主要爲「環保與新能源」及「智能化、信息化」，其中新能源部分：可以看出Tesla的電動車一直成爲市場上關注的話題外，各車廠也積極在布局以其他

能源為動力，例如：Toyota的「氫燃料電池車」，標致雪鐵龍集團的「空氣動力車」等，而在智能化部分，例如：Google的無人車，或是車廠研發的防盜、防撞、自動停車系統；大數據是可以幫我們往前面看到好幾步的未來。

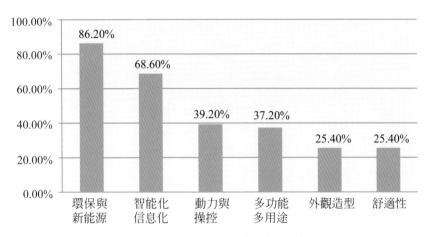

圖2-2　未來五年汽車演進趨勢

3. 智能科技為客戶所欲

　　針對社群網路討論區進行「情緒分析」（見圖2-3），分析客戶對於某廠牌汽車的情緒反應發現：客戶對於「油耗」、「安全性」、「360度環景」的情緒評價較為正面，三項中，除了「油耗」、「安全性」屬於客戶在購車時的基本要求外，我們可以看出「360度環景」這項跳出來，這意味著客戶對於前瞻性的智能科技，有著潛在但是重要的需求，「智能科技滿足客戶全方位的需求」，驅動著未來汽車創新性的概念設計。

項目	情緒分數	正 / 負
開關整合問題	−0.28893	負
油耗	0.187529	正
電子系統問題多	−0.07018	負
安全性	0.205238	正
360度環景	0.118678	正

圖2-3　客戶情緒分析

4. 大數據決定產品成敗

筆者曾經輔導兩岸的大汽車廠，深知車廠在proposal階段蒐集市場資訊可能產生的盲點；因此，這裡揚棄了傳統的市場調查方式，透過大數據的角度去驅動產品創新的因子，我們可以大膽推論：大數據分析的結果或許跟傳統市調的資訊有部分吻合，但對於資訊的廣度（例如：搜尋引擎，社群網站，業界資訊）及深度（例如：情感分析），還有前瞻性（例如：新能源，智能科技），都是傳統市調無法達到的部分，這也牽涉到驅動產品創新設計的強度及未來上市後的成敗。大數據的驅動可能是未來台灣的汽車產業能否在國際上占有一席之地的一張王牌。

 2.2　量販店比較之輿情分析及語意分析

1. 前言

藉由分析各家量販店的行銷手段，進而加入其優點在自家的行銷中，將有助於提升銷售額。所以，可以藉由各家量販店的粉絲專頁，從發文與留言中最常出現的關鍵字以及與這些關鍵字最相關的詞語是什麼，進行比較並討

論各家的銷售策略。

2. 愛買之文字探勘分析

愛買量販店的粉絲專頁為2012年1月11日成立，截至2014年7月22日，共有153,053個粉絲，如圖2-4所示。

圖2-4　愛買粉絲專頁

首先我們從愛買的臉書粉絲專頁抓了500筆發文，文章抓取的方式從最新的發文往前數，直到500篇就停止（如果想增加文章數目，可以從語法中更改），抓下來的文章以Excel方式儲存，如圖2-5所示。

	A	B	C	D	E	F	G	H	I	J	K
1	from_id	from_name	message		created_tin	type	link	id	likes_coun	comments_	shares_count
	1.72E+14	愛買a.mart	【輕鬆做料理】冬瓜玉米排骨湯 DIY 1. 排骨洗淨後燙泡於清水半小時。 2. 湯鍋內放少許油，下薑片，排骨略炒。 3. 一次性加足量清水，滴幾滴白醋。 4. 大火燒開後轉小火慢燉2小時左右。 5. 下入玉米、冬瓜塊，調入鹽調味，再煮15分鐘左右。 6. 加胡椒粉提味，撒少許蔥花即可。	2014-07-1(	photo	https://ww	171712512	19	0	0
2	1.72E+14	愛買a.mart	退火兼瘦身，媽媽們一定要學起來哦~~ 生鮮食材直接透到你家~~http://goo.gl/6nDNOM 久利生公平回來了！！今夏潮男必備各式格子襯衫，愛 買線上購物	<U+3042><U+308B><U+3068>>http://goo.gl/CZaMSl	2014-07-1(	photo	https://ww	171712512	19	1	1
3	1.72E+14	愛買a.mart	圖片來源：日本富士電視台官網								
4	1.72E+14	愛買a.mart	愛買線上購物攜手勵馨基金會，邀您一起共襄盛舉，您只	【恐怖】讓你下顧驚慌的細菌培養皿 1. 太久沒換枕頭套 2. 洗臉前沒先洗手 3. 塗抹時沒洗乾淨 4. 濫用保養品	2014-07-1(	photo	https://ww	171712512	16	0	0

a.mart_post

圖2-5　500筆發文內容

(1) 愛買之詞雲分析

　　從抓下來的文章製作詞雲。在製作詞雲的時候，我們會先設定文字出現的次數頻率。圖2-6為尚未設定出現次數頻率之詞雲，可以由此詞雲看出，出現的字詞較繁雜，而出現最多的字詞為「活動」、其次為「得獎」、「粉絲」、「留言」等。

圖2-6　尚未設定頻率之詞雲

　　為了能夠突顯粉絲團的內容重點，因此需要將頻率提高，讓分析者能快速得知粉絲團談論的重點，如圖2-7愛買發文之詞雲（詞頻為5以上）、圖2-8愛買發文之詞雲（詞頻為10以上）。

圖2-7　愛買發文之詞雲（詞頻為5以上）

圖2-8　愛買發文之詞雲（詞頻為10以上）

圖2-9　粉絲回文之詞雲

　　簡單的從兩個詞雲中可以發現，愛買在粉絲團上的發文，以推動當時的促銷政策為多，而促銷的方式大部分為在臉書粉絲團上請大家留言，就有可能得到什麼贈品之類的，所以詞雲中才會以「活動」、「得獎」、「留言」、「粉絲」等詞句出現次數為最多。

　　而下面留言的部分也是，大多都是粉絲為了得到某些獎品，因此會依照管理員所發的文章中規定的字句來回應以獲取獎品。

(2) 愛買之關聯分析

　　除了從詞雲看出粉絲團在管理員與粉絲之間的活動方式之外，也可以針對關鍵字進行相關分析，看看那些關鍵字之間會有關聯。

　　我們可以依照希望得到的結果來設定出現頻率為多少的詞，會有哪些相關程度為多少的關聯詞出現，如表2-1關聯分析-1、表2-2關聯分析-2。

表2-1　關聯分析-1

參加活動	巧克力 0.59 同一個 0.38
上班族	伸懶腰 0.89 慢性病 0.89 太陽穴 0.63 頭昏眼花 0.31
情人節	十幾分鐘 0.44 元宵節 0.44
端午節	井然有序 0.44 婆婆媽媽 0.44 翻箱倒櫃 0.44 雙十節 0.44 纖維素 0.44 捨不得 0.31
入場券	同一個 0.63

表2-2　關聯分析-2

巧克力	參加活動 0.59
小朋友	兒童節 0.76
攝影師	年輕人 0.71 一系列 0.35 一兩個 0.35 不濟事 0.35 生兒育女 0.35 好奇心 0.35 形影不離 0.35 俄羅斯 0.35 建築物 0.35 無時無刻 0.35 攝影集 0.35
中老年人	不能不 0.71 礦物質 0.50
生兒育女	形影不離 1.00 攝影師 0.35
婆婆媽媽	井然有序 1.00 翻箱倒櫃 1.00 捨不得 0.71 端午節 0.44

由上述的相關分析中，我們可以看出跟「參加活動」這個詞最相關的詞爲「巧克力」，表示在我們所分析的這段時間中，愛買舉辦了回覆留言就有機會得到巧克力。「上班族」伸懶腰及慢性病，是我們看到高相關的項目。以「攝影師」這個關鍵字來說，跟「人」與「建築」有關。這是未來舉辦攝影活動的方向。

(3) 愛買之集群分析

由於資料抓取的時間區間爲前半年，從圖2-10集群分析可以看出，主要的集群有「母親節」，其次爲「衛生紙」、「可口可樂」、「巧克力」等爲促銷活動會出現的商品名稱。

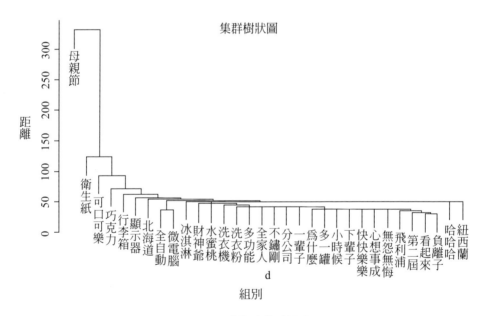

圖2-10　愛買之集群分析

3. 頂好之文字探勘分析

頂好超市的粉絲專頁爲2010年4月26日成立，截至2014年7月22日，共有28,216個粉絲，如圖2-11所示。

圖2-11　頂好粉絲專頁

(1) 頂好之詞雲分析

圖2-12　頂好之發文詞雲

圖2-13　頂好之粉絲留言詞雲

　　頂好的標語為「頂新鮮的好鄰居」，也以販賣生鮮食品為多，因此留言部分出現「新鮮」、「料理」等居多。在發文部分也是以推廣公司行銷廣告居多，不過特別的地方是因為頂好有開放訪客發文，因此在發文的關鍵字中「請問」等向管理員詢問的詞語，如圖2-12、圖2-13所示。

4. 全聯之文字探勘分析

　　全聯福利中心的粉絲專頁為2011年3月3日成立，截至2014年7月22日，共有630,250個粉絲，如圖2-14所示。

圖2-14　全聯粉絲專頁

(1) 全聯之詞雲分析

圖2-15　全聯之發文詞雲

圖2-16　全聯之粉絲留言詞雲

　　在留言的詞雲中，出現最多的是「輕鬆」、「美味」、「點子」，是因為全聯的活動關係，而且因為全聯在全台灣有超過850家，相對粉絲團的粉絲也較多，因此此在臉書上舉辦活動時，參與的人也相對來得多很多。所以在發文的時候，管理員利用雙向的互動來增加購物的慾望，讓更多人能夠到全聯消費，如圖2-15、圖2-16所示。

5. 愛買、頂好、全聯臉書粉絲團經營之比較

　　由表2-3三家量販店之比較得知，粉絲人數為全聯最多（630,250人），其次為愛買（153,053人）；經營方式皆以促銷情報、與粉絲遊戲互動居多；而三家量販店的特色不盡相同，愛買為「多愛心公益活動、發文數多」、頂好為「有訪客發文區」、全聯為「粉絲多，回覆留言人數也較多」。

表2-3　三家量販店之比較

	愛買	頂好	全聯
粉絲人數	153,053	28,216	630,250
經營方式	皆以促銷情報、與粉絲遊戲互動居多		
特　色	多愛心公益活動、發文數多	有訪客發文區	粉絲多，回覆留言人數也較多

表2-4　三家量販店發文數比較（2014）

月份	愛買	頂好	全聯
1	74	30	42
2	67	30	29
3	107	30	28
4	83	40	29
5	66	40	18
6	70	56	8
7	33	35	7

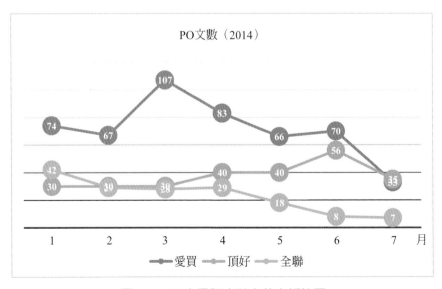

圖2-17　三家量販店發文數之折線圖

臉書是現在民眾最常使用的平台，而愛買的粉絲人數在三間商場中位於中間，因此可以多宣傳臉書平台，讓更多人能夠在日常生活中隨時得到購物優惠資訊。因爲愛買的粉絲團多以公布最新優惠資訊以及行銷活動，而較少顧客意見部分，因此除了臉書的粉絲團之外，未來還能夠從其他來源進行更詳細的分析。

　　相較於頂好的「新鮮、料理、健康」，全聯的「輕鬆、美味、點子」，愛買的粉絲經營的主軸性及訴求性需更鮮明。回覆部分幾乎都以粉絲居多，在158篇文章中只有兩筆回覆，建議可以多回覆粉絲的留言，讓有留言的粉絲有互動感，增加留言的意願。

6. Facebook的活動參考

　　粉絲對週末貼文的參與度，其實比週間的貼文高很多！（如圖2-18）粉絲的參與度足足比星期三的貼文高了 25%！如果想要粉絲的按讚、回應、分享有增加，須養成在週末貼文的習慣。

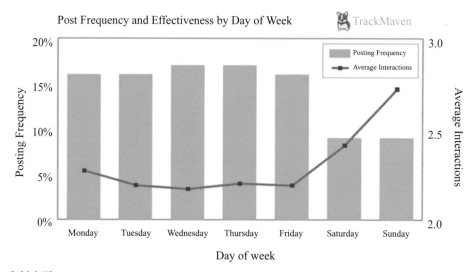

資料來源：http://www.adweek.com/socialtimes/study-trackmaven-reading-level/435620

圖2-18　Facebook一週的貼文頻率和有效性

一天中何時是粉絲專頁貼文參與度最高的時段？令人驚訝的是，下班後到睡前（下午5點到凌晨1點之間）的時段，貼文參與度最高（如圖2-19）

Time Window	Percentage of posts	Average Interactions per hour
Before Work 1am – 8am	**8.8%**	1.93
Workday 8am – 5pm	**62.7%**	2.24
After Hours 5pm – 1am	**28.5%**	2.49

資料來源：http://bonssai.com.br/estatisticas-facebook-marca/

圖2-19　Facebook貼文時段與有效性

7. 愛買、家樂福、大潤發之主題詞雲分析

　　除了作出個別量販店的分析外，也可以使用三者合併的方式來呈現。如圖2-20愛買、家樂福、大潤發之主題詞雲分析，透過此詞雲的展現方式，可以得知各量販店的主要活動標題，和各種主打的相關產品等，進行同時對照比較。

愛買給我好運，小人快快退散！
生日快樂愛買我快樂購點數
愛買生日快樂我要抽快樂購點數
愛買給我好運，痛苦厄運統統避
愛買祝生日快樂我要抽快樂購點數
愛買給我好運，小人快快退散吧！
我要抽快樂購點數祝愛買生日快樂
愛買給我好運，壞心情快快退散吧！
愛買給我好運，肥胖快快退散吧！
愛買給我好運，惡運請快快退散吧！
第一屆愛買盃，賞我大麗神威
愛買有禮★買sofina送sofina
愛買軍月慶滿送民生商品
種　十種
愛買給我好運，壞運快快退散吧！

愛買給我好運，工作不順快快退散吧！

壽喜燒鍋爐　　澳覺福》　簡易煎牛排
早安　瑪麗蓮夢露
沙茶牛肉　清燉牛腱
借分享　　　瑪麗蓮夢露　　蜘蛛人
索爾　　　　靈感來源　瑪麗蓮夢露
鋼鐵人　　　　　　　　鋼鐵人
瑪麗蓮夢露

-瑪麗蓮夢露

保健康(賣礦力+健酪+廚師便包麵)
紅燒牛腩　瑪麗蓮夢露
法式牛排佐勃根地紅酒醬 <
Very good eat
-瑪麗蓮夢露

【怦然心動GOD　大潤發潤發 RT-mart】
S.Pellegrino聖沛黎洛氣,泡天然礦泉水
義大利Amedei I Cru 六產地片裝禮盒~
阿根廷聖沛黎洛氣,泡天然礦泉水
AMEDEI
參加了德國贏
義大利 Amedei 德國
中和店 將德國必勝
德國　德國！
怦然心動GODIVA@大潤發網路購物
怦然心動GODIVA@大潤發網路購物

填寫完成 德國隊(Y)
乳木果油
乳木果油~
S.Pellegrino聖沛黎洛氣,泡天然礦泉水
已完成　已填寫完成
義大利Amede

圖2-20　愛買、家樂福、大潤發之主題詞雲分析

第 3 章　收視率調查

3.1　別再吵收視率
—— 社群大數據成為預測收視率新工具

1. 收視率調查落伍了嗎？

　　臺灣收視率調查長期由一家公司壟斷，調查收視率的方式，是先隨機抽樣選出收視戶，再詢問這些收視戶是否願意在家中裝設「個人收視記錄器」（people-meter），使用者看電視時，需手動輸入家中哪些成員在收看，於特定時間將資料回傳後進行統計，再推論至全體收視戶，樣本數約1,800戶。而臺灣現有5大有線電視系統業者市占率達75%，擁有約496萬戶的有線電視用戶；1,800戶的樣本涵蓋率是否足夠？另外，收視率公司會贈送禮券、油票作為回饋，是否也意味這些餽贈行為，造成收視戶以中低收入居多，形成樣本代表性的偏差呢？有沒有更好的替代方式來取代傳統的收視率調查方式？

2. 社群竟可以推測電視收視率

　　根據TWNIC 2014年的調查數據估算，全臺灣有一半的人口在使用「社群網路」平台，每天「黏」在社群網路上超過1小時，這樣的重度使用，我們除了可以蒐集網民在FB社群的意見外，這些「讚」、「分享」及「留言」跟電視節目的收視率是否有一個依存關係？

　　我們以某台某綜藝節目（每週播出一次）為例，蒐集了歷史的收視率及FB粉絲團的資料。嘗試找出每集的平均收視率與FB粉絲團相關數據的關聯性，分析模型利用「多元迴歸」，每集的平均收視率與當集FB粉絲團的

「APP登入數」、「按讚數」、「評論數」及「分享數」為變數，分析發現：「APP登入數」、「按讚數」這兩個變數對於預測每集收視率的成效，經過檢定是有「顯著性」；「評論數」及「分享數」的顯著性就沒有那麼強烈，利用這些分析，我們得到一個模型（見圖3-1），模型解釋力R-square = 90.7%，代表這模型在預測平均收視率時的誤差不高，解釋力強。

$$平均收視率 = 1.36 + 0.000046 \times APP登入數 - 0.000252 \times 按讚數 + 0.0000001 \times 按讚數^2 - 0.000040 \times \sqrt{APP\,登入數}$$

圖3-1　收視率預測方程式

另外，根據模型建立出一個複雜的3D圖（見圖3-2），可以看出由FB社群大數據預測電視收視率的複雜性。

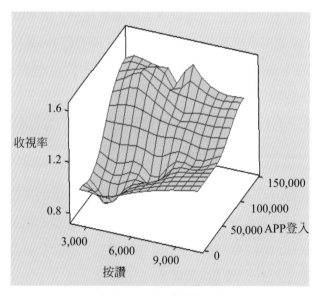

圖3-2　收視率模型圖

3. 節目喜好馬上知道

　　FB社群大數據除了可以預測「量」收視率外，令人驚奇的是， 可以透過粉絲在社團的留言進行「質」的深化分析，以該節目某一集節目粉絲的留言來說，留言的情感係數為：0.01968，偏向正面（見圖3-3）。代表這一集觀眾對於節目的評價偏向正面，而針對這數據，也可以進一步分析負面情感的粉絲發言內容，作為日後節目內容調整的基礎。

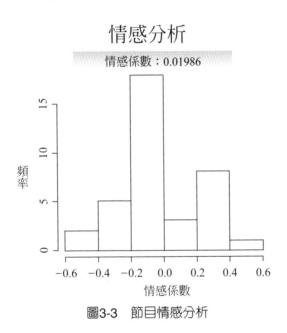

圖3-3　節目情感分析

4. 社群大數據浪潮無法避免

　　利用社群大數據預測電視的收視率，其好處是：可以同時分析收視的質（喜好）與量（收視率），提供除了傳統收視率另一個角度的參考依據。不過，仍有其侷限性：例如：該節目是否有粉絲團、節目類型的差異、建模資料大小及數據的即時性、每15分鐘收視值的預測……等。雖然在利用社群大數據預測電視收視率仍有其限制，但不可諱言的是：社群大數據的浪潮未來

對於人們日常生活及各行業的影響是無可避免的，你準備好迎接社群大數據時代了嗎？

 ## 3.2 　誰扼殺了好節目
—— 從大小數據看傳統收視率調查的迷思

1. 傳統收視率涵蓋性不足

日前多名製作人同聲控訴，台灣收視率調查長期由一家美商公司壟斷經營，一面掌控收視率，左右企業主廣告預算；另一方面又擔任收視顧問，只要付費，就能夠讓節目起死回生！球員兼裁判，擠壓了戲劇、綜藝節目的成本與水準，導致亂象叢生，影響收視戶權益。

姑且不論收視率公司的手法，但製作人質疑目前的收視率樣本，就抽樣的角度來說，除了有代表性可能不足的問題外，只以電視機收看節目來計算收視率的涵蓋範圍可能不夠，如果以收視率來評斷觀眾對於節目的喜好，那就牽涉到觀眾「在哪裡」收看這個節目？收看多久？

2. 收視行為移轉到網路

根據NCC的調查研究，最近一個月內有收看電視節目的觀眾中（電視收視群），81.0%的觀眾家中擁有「有線電視」 收看電視節目，包括無安裝數位機上盒（67.8%）及有安裝數位機上盒（13.2%）；其次，43.2%的觀眾家中擁有「電腦」收看電視節目，包括上網收看電視節目短片（34.5%）及安裝電視卡或電視盒（8.7%）；另外，由凱絡媒體2014年調查指出，近四成受訪者每天透過網路收看電視，較2012年增加12.2個百分點，15到24歲受訪者每天從網路收看節目的比例已超越電視。透過這些調查數據我們可以發現：「網路收視」的比例已經超過四成，而且有逐漸「年輕化」及「習慣化」的趨勢，單純從「電視收視率」來評斷觀眾對於節目的喜好，已經有失真之

虞，而且也對於辛苦努力付出的節目製作從業人員有失公允，電視收視率已經不是衡量「收視喜好」的唯一指標，取而代之的是網路的收視資訊。

3. YouTube為主要收看節目的網站

　　既然網路收視行為已經成為節目收視的主流與趨勢，民眾的收視習慣為何？根據全國意向顧問股份有限公司的Lifewin線上市調網調查發現：收看節目的網站仍是以「YouTube」為主，占57%，而大陸比較有名的影音網站如「千尋」、「風行網」、「騰訊」、「土豆」、「優酷」等的比例皆不到10%。

項目	投票數	百分比
電視節目不夠看，你會用下列的視頻網站看節目嗎?		
有用過千尋影視網	21	8%
有用過風行網	21	8%
有用過土豆網	15	6%
有用過優酷網(youku)	19	7%
有用過騰訊視頻	3	1%
有用過youtube	153	57%
都沒有	35	13%

總計投票人數：267人　　f 推到Facebook　　P 推到Plurk

圖3-4　網路收看節目的網站（資料來源：Lifewin線上市調網）

　　另外，透過Google Search的趨勢比較發現（見圖3-5）：台灣民眾搜尋影音網站，仍是以「YouTube」為主。我們利用抽樣的小數據（網路節目收視行為、網路收視管道）及大數據（網路收視管道的搜尋狀況），可以看到現有電視收視率涵蓋率不足的盲點，以及觀眾在網路影音的收視習慣。目前有公司也透過監測這些影音網站的收視率來補足電視收視率的不足。但利用電

視收視率的資料，仍是廣告主決定下多少廣告預算在該電視節目的主流，也進而主宰到節目的生存，為了跳脫出這個「不公平」的生態系統，很多自製節目的影音平台因應而生。

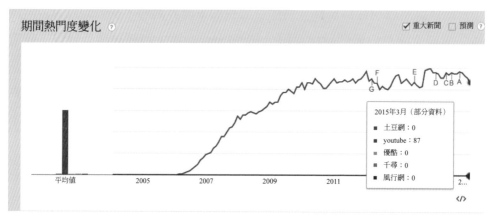

圖3-5　Google Search分析

4. 自製節目影音平台興起

　　自製影音節目平台的典型當屬美國的Netflix，最有名的節目影集是「紙牌屋」，這部影集是全部在網路播放，打破了知名影集在電視頻道播放的法則，也在美國當地造成了轟動。Netflix可以蒐集到觀眾喜歡看什麼片，哪一段會跳開，快轉，利用大數據分析可以推薦出顧客想要的片之外，還可以根據顧客收視行為決定下一部影集的導演、劇情及角色。另外，日前國內一家遊戲公司宣布與製作公司合作，成立全台第一個網路娛樂影音平台，第一年目標產製100個節目同時在線，挑戰破億收視流量。這些業者們的合作，就是不想讓辛辛苦苦製作的節目，再被傳統的收視率綁架，讓努力付諸東流。

　　未來，可能取代電視收視率的，除了網路收視行為的量化數據外，隨著社群網路的興起，透過社群網站的口碑、情感、因果脈絡等質化資料，可以

決定劇情走向與結局。在可以預見的未來，傳統電視收視率的影響力是否會因此式微，有待後續觀察。

第4章　文章產生器

 4.1　機器人寫新聞
　　　　　　　　—— 騰訊Dreamwriter解放記者

1. 機器人寫新聞？！

　　2015年的9月，在中國騰訊財經「8月CPI同比上漲2%創12個月新高」一文的文末，附加了這樣的一段話：「本文來源：Dreamwriter，騰訊財經開發的自動化新聞寫作機器人，根據算法在第一時間生成稿件，瞬時輸出分析和研判，一分鐘內將重要資訊和解讀送達用戶。」在當天報導相關的新聞中，騰訊財經這篇可能是最快的。此訊息的出現快速發布在中國各大媒體，也引起了眾多討論，像是記者是否即將面臨失業？

2. 機器人如何動筆？

　　其實騰訊財經這篇新聞稿並非第一個利用機器人進行撰稿的案例，早在2014年的3月美國「洛杉磯時報」僅花了3分鐘便報導了當地地震的一則新聞，而英國BBC事後指出該篇報導並非人寫的，而是利用「寫稿機器人」完成的。

　　目前觀察到的幾項案例，機器人主要的作用在於將數據、資訊進行整理之後形成稿件並發送；但相較於人類編輯卻缺少了更宏觀或微觀的分析，僅是對於得到的數據做一個簡單描述的語句串聯，且在一些含有情感方面的詞彙運用上較不靈活。

3. 大數據浪潮與文字探勘技術

　　互聯網以及大數據在這些年來逐漸被大眾認識並對各行各業產生不同的影響，在這樣的環境下可供民眾使用的開放式資料也逐漸增加，結合網路數據傳遞的便利性、各種資料的開放性以及逐漸完善的文字探勘技術，將會有更多類似的案例發生，機器人將不只撰寫新聞稿，各種專案的期中期末報告、政府部門的卷宗，甚至在演算法更加完善的情形下，電視電影的劇本也可以由機器人來完成。

4. 新聞媒體人何去何從

　　利用機器人進行撰稿目前仍還是少數的測試，卻也是一個趨勢。在這樣的科技推出時亦引起更多的議題，舉一個上面提到的例子，在一個講求效率發稿的新聞圈中，利用機器人撰稿僅需短短3分鐘，而人為寫稿在一樣的時間下可能還在草稿構思，是否代表記者的存在沒有了必要性？

　　筆者認為這樣的擔心是不必要的，利用機器人能做到的多為低階的訊息報導，媒體人應該走向高端且有深度的分析部分。人類與機器人最大的差異在於思考與否，許多潛藏在表面數據下的訊息目前仍須靠人腦進行分析其中的意義。就像騰訊財經的副主編劉康表示，Dreamwriter未來利用智能算法寫作解放記者，從而讓媒體人擁有更多的時間處理更具挑戰級智慧的工作。

🔍 4.2　情書／論文／自傳產生器

1. 多如牛毛的產生器

　　雖然目前紙筆已經漸漸被電腦打字取代，但所表達的內容仍然是大家苦惱的一環，而網路上有著眾多的產生器可以滿足使用者不同的需求。不論是想告白、投履歷、寫論文或是寫小說等等，只要輸入某某產生器，多半能找到符合需求的自動編輯器，如圖4-1。

圖4-1　截圖自 http://taphy.com/taphyd/bb314眾多產生器概觀

2. 娛樂有餘，專業不足

　　這類的產生器在網路上盛行多年，起初由這類產生器產生出來的文章語句用詞僵硬死板，十分容易分辨出來。人為寫出來的詞藻會因各人習慣而有所不同，在表達情感上也會因不同詞彙有所區分。但電腦並未有這些情緒，因此只能藉由程式編寫者賦予的演算法串連不同字詞成為一篇文章。

　　而在一些需要專業性的文章，若是一味地藉由這樣的產生器進行生成，其專業度將有嚴重的疑慮，且每個產業的專業都將受到質疑。尤其是在網路上的發言可採匿名制，導致有些人在網路上發表的文章其實存在著些許問題，因此在網路上查找資料時，使用者仍須對資料抱有一定的審視而非全然接受。

　　或許這類的文章在不久後的未來，會因文字探勘技術而有了新的突破，如同上述的寫稿機器人，但用字遣辭是身為人思緒及情感的表達，如果凡事只想藉由便利而喪失了更深層的意圖，那便成了一件壞事。

第 5 章 文件檢索

⊙ 5.1　論射鵰三部曲

1. 傳統讀者看金庸

「飛雪連天射白鹿，笑書神俠倚碧鴛。」相信大多數的讀者對這一副對聯並不陌生，這副對聯的十四個字分別對應金庸大師的十四部作品。最早期的金庸作品是刊載在報紙上的，後來才以書籍方式出版，持續到近幾年仍有些微情節上的變動。

在電腦尚未普及時，讀者們僅能以閱讀實體書的方式與金庸筆下的人共闖江湖，而隨著電視娛樂電腦網路的盛行，各種改編原著而來的版本充斥在讀者眼中。不可否認的是，對於初步接觸金庸作品或從未接觸過的人，在瞭解其中角色們恩怨情仇時，多多少少會遇到一些困難，特別是並沒有從情節一開始就注意的讀者，往往因此提不起興趣。

2. 指尖論金庸

在文字探勘技術興起的現在，眾多以前想得到辦不到的事，現在也能成真了。在以前可曾想過動動指間就能瞭解書中錯綜複雜的前後因果，可曾想過點點滑鼠即可得知書中角色們鮮為人知的關係，尤其是在多數小說中都會埋下幾個足以顛覆結局的暗子？

當然，在談論下去前，還是必須先回歸現實面，文字探勘技術如同前面幾個章節所提到的，是用來處理非結構化的資料。而這其中處理的方式終歸是將其結構化，即透過此技術得到的結果，如同以往將數值資料進行分析得到的幾筆數字及指標，仍須由「人」來進行解讀，才能發揮其價值。

現今電腦運算速度相當地快，將實體書長達12本的內容藉由電腦進行處理也不需要花到5分鐘的時間就能得到結果。但若想藉由短短的幾分鐘瞭解到小說的全部是不太現實的，而人物及章節之間關係的強弱倒是較爲可行。

圖5-1　射鵰三部曲之詞雲

	楊鐵心	郭嘯天　0.59
毒龍出洞　0.48	楊家槍　0.46	楊再興　0.44
包惜弱　0.38	爲虎作倀　0.28	回馬槍　0.26
四五名　0.24	圖謀不軌　0.24	點點滴滴　0.24
驚魂未定　0.23	十八年　0.21	磨刀石　0.21
欲哭無淚　0.19	責無旁貸　0.19	格殺勿論　0.17
探囊取物　0.17	七十二路　0.16	一十八年　0.15
蕭然起敬　0.15	丘處機　0.14	牛家村　0.13

圖5-2　楊鐵心關聯係數表

3. 潛藏其中的訊息

　　將射鵰三部曲一同作分析可以得到圖5-1及圖5-2，從詞雲圖可以發現俠之大者的北俠郭靖占據中央最明顯的位置，此一現象正可以解釋郭靖在這三部曲中重要的位置。從射鵰英雄傳兒時在蒙古生活習武，到成年回到中原與黃蓉相遇，經歷風風雨雨最終結爲夫妻。到神鵰俠侶作爲鎮守襄陽城的英雄，亦與主角楊過的身世牽扯甚大。一直到身死後，時空背景來到了倚天屠龍記，而每當說到倚天劍與屠龍刀的來歷時，必會被講述人物所提及。

　　圖5-2的相關係數表以一位讀者可能印象模糊的角色爲例，楊鐵心爲楊康之父，即神鵰大俠楊過之祖父。其與郭靖之父郭嘯天乃結拜兄弟，是楊家將的後人，使得一手楊家槍，髮妻爲包惜弱，居於牛家村。透過這樣的關聯係數表，讀者即可對一個角色的基本背景有所認識。

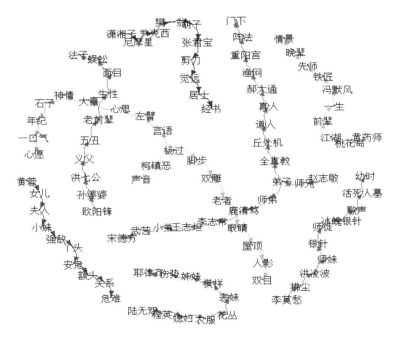

圖5-3　神鵰俠侶脈絡圖

4. 作者的轉變

　　一般而言，我們都會認為一個作者筆下的文字、描寫的世界是其心中情感及價值觀的投射。金庸的作品從出版至今經過不少修改，像是神鵰大俠楊過的母親從射鵰英雄傳中捕蛇女秦南琴修改為穆念慈；天龍八部中王語嫣與段譽共結連理修改為出家。這大大小小的修改，有些是為了劇情流暢，但或許有些是金庸大師心境上的變化，這些都是熟讀金庸的人可以去研究的有趣之處。

 5.2　　杜鵑的呼喚

1. 其他應用

　　除了將文字探勘技術應用在商業或是輿情分析上之外，將其推廣在文學方面亦是一個趨勢。像是中國四大章回小說名著的《紅樓夢》在文學上地位何其崇高，因其而發展的紅學研究更是至今盛行。而《紅樓夢》最常見人所爭議的是後四十回的作者究竟是誰？

　　在此之前很多研究的前輩利用各種辦法來證明自己的論點，而在文字探勘技術日漸成熟的現在，我們亦可以利用比對前八十回及後四十回的用字遣詞，情節的設計等等來對這個爭議進行一個全新的思考。

2. J.K羅琳改名出新書

　　2013年一位名為Robert Galbraith的作者出版了一本名為《杜鵑的呼喚》的偵探小說。雖然眾多讀者皆叫好，卻不賣作，銷量十分低落。但隨之傳來的一則消息卻讓此書收到強烈關注，Robert Galbraith為哈利波特作者J.K羅琳的筆名。

　　根據National Geoprahic網站的報導，某日泰晤士報從Twitter上獲得一條匿名信息，稱Galbraith即是羅琳。為了確定消息的可靠性，便著手進行調

查，最簡單可見的是兩者的出版社相同，接著他們找上了牛津大學及杜肯大學的兩位電腦科學家透過語意分析做進一步的確認。

　　兩位教授分別對單詞長度、句子長度、段落長度、單詞出現頻率、標點出現頻率，以及單詞使用情況進行比對，隨後得到兩人的用詞遣字習慣幾乎一致的結果。而羅琳在化身被發現後說到：「我本來希望秘密可以保留久一點，因為當Galbraith讓我感覺到解放。在不必大肆宣傳、不受矚目的情況下出書，感覺太好了，用沒有人知道的名字獲得回饋，更是一大樂事。」

參考文獻

中文文獻

1. 謝邦昌(2014)。*SQL Server資料探礦與商業智慧─適用SQL Server 2014/2012*。碁峰出版社。
2. 趙仲孟、侯迪譯。*預測性文本挖掘基礎*。西安交通大學出版社。
3. 國家教育研究院。文本探勘釋義。國家教育研究院。

英文文獻

1. Dan Sullivan (2001). Document Warehousing and Text Mining. *IBM Almaden Research Center.*
2. Joachims (1997). A Probabilistic Analysis of the Rocchio Algorithm with TFIDF for Text Categorization. *ICML 1997 Proceedings of the Fourteenth International Conference on Machine Learning,* 143-151.
3. Sebastiani (2002). Machine Learning in Automated Text Categorization. *Consiglio Nazionale delle Ricerche, Italy.*
4. Nomoto (2002). MSW Signal-to-Noise Enhancers for Noise Reduction in DBS Reception.
5. Mobasher, B., Cooley, R., & Srivastava, J. (2000). Automatic personalization based on Web usage mining. *Communications of the ACM, 43*(8), 142-151.
6. Aggarwal, C. C., Gates, S. C., & Yu, P. S. L. (2002). *U.S. Patent No. 6,360,227.* Washington, DC: U.S. Patent and Trademark Office.
7. Luís Torgo.(2003). Data Mining with R:learning by case studies. *Chapman & Hall/CRC Data Mining and Knowledge Discovery Series.*

8. Ananiadou, S. and McNaught, J. (Editors) (2006). Text Mining for Biology and Biomedicine. Artech House Books. ISBN 978-1-58053-984-5

9. Bilisoly, R. (2008). Practical Text Mining with Perl. New York: John Wiley & Sons. ISBN 978-0-470-17643-6

10. Feldman, R., and Sanger, J. (2006). The Text Mining Handbook. New York: Cambridge University Press. ISBN 978-0-521-83657-9

11. Indurkhya, N., and Damerau, F. (2010). Handbook Of Natural Language Processing, 2nd Edition. Boca Raton, FL: CRC Press. ISBN 978-1-4200-8592-1

12. Miner, G., Elder, J., Hill. T, Nisbet, R., Delen, D. and Fast, A. (2012). Practical Text Mining and Statistical Analysis for Non-structured Text Data Applications. Elsevier Academic Press. ISBN 978-0-12-386979-1

13. McKnight, W. (2005). "Building business intelligence: Text data mining in business intelligence". DM Review, 21-22.

14. Srivastava, A., and Sahami. M. (2009). Text Mining: Classification, Clustering, and Applications. Boca Raton, FL: CRC Press. ISBN 978-1-4200-5940-3

15. Zanasi, A. (Editor) (2007). Text Mining and its Applications to Intelligence, CRM and Knowledge Management. WIT Press. ISBN 978-1-84564-131-3

16. "Licences for Europe-Structured Stakeholder Dialogue 2013". European Commission. Retrieved 14 November 2014.

17. "Text and Data Mining:Its importance and the need for change in Europe". Association of European Research Libraries. Retrieved 14 November 2014.

18. "Judge grants summary judgment in favor of Google Books-a fair use victory". Lexology.com. Antonelli Law Ltd. Retrieved14 November 2014.

書號：1G89 定價：350元
 書號：1G91 定價：320元
 書號：1O66 定價：350元
 書號：1MCT 定價：350元
 書號：1MCX 定價：350元
 書號：1FTP 定價：350元

 書號：1FRK 定價：350元
 書號：1FRM 定價：320元
 書號：1FRP 定價：350元
 書號：1FS3 定價：350元
 書號：1H87 定價：360元
 書號：1FTK 定價：320元

 書號：1FRN 定價：380元
 書號：1FRQ 定價：380元
 書號：1FS5 定價：270元
 書號：1FTG 定價：380元
 書號：1MD2 定價：350元
 書號：1FS9 定價：320元
 書號：1FRG 定價：350元

 書號：1FRZ 定價：320元
 書號：1FSB 定價：360元
 書號：1FRY 定價：350元
 書號：1FW1 定價：380元
 書號：1FSA 定價：350元
 書號：1FTR 定價：350元
 書號：1N61 定價：350元

 書號：3M73 定價：380元
 書號：3M72 定價：380元
 書號：3M67 定價：350元
 書號：3M65 定價：350元
 書號：3M69 定價：350元

 三大誠意

※最有系統的圖解財經工具書。圖文並茂、快速吸收。

※一單元一概念，精簡扼要傳授財經必備知識。

※超越傳統書籍，結合實務與精華理論，提升就業競爭力，與時俱進。

 五南文化事業機構
WU-NAN CULTURE ENTERPRISE

地址：106台北市和平東路二段339號4樓
電話：02-27055066 ext 824、889

http://www.wunan.com.tw
傳真：02-27066 100

職場專門店

五南文化事業機構
WU-NAN CULTURE ENTERPRISE

書泉出版社
SHU-CHUAN PUBLISHING HOUSE

國家圖書館出版品預行編目資料

大數據. 語意分析整合篇／謝邦昌, 謝邦
彥 編著. ──初版. ──臺北市：五南,
2016.10
面； 公分
ISBN 978-957-11-8795-2（平裝）

1.資料探勘 2.商業資料處理 3.語意分析

312.74   105015965

1H0A

大數據：語意分析整合篇

作　　者 ─ 謝邦昌　謝邦彥

發 行 人 ─ 楊榮川

總 經 理 ─ 楊士清

主　　編 ─ 侯家嵐

責任編輯 ─ 侯家嵐

文字校對 ─ 林靖原　許宸瑞

封面設計 ─ 陳翰陞

出 版 者 ─ 五南圖書出版股份有限公司

地　　址：106台北市大安區和平東路二段339號4樓

電　　話：(02)2705-5066　　傳　　真：(02)2706-6100

網　　址：http://www.wunan.com.tw

電子郵件：wunan@wunan.com.tw

劃撥帳號：01068953

戶　　名：五南圖書出版股份有限公司

法律顧問　林勝安律師事務所　林勝安律師

出版日期　2016年10月初版一刷
　　　　　2018年 4 月初版二刷

定　　價　新臺幣220元

※版權所有‧欲利用本書內容，必須徵求本公司同意※